川辺川ダム中止
五木村の未来

ダム中止特別措置法は有効か

子守唄の里・五木を育む清流川辺川を守る県民の会［編］

花伝社

川辺川ダム中止と五木村の未来◆目次

序文　子守唄の里・五木を育む清流川辺川を守る県民の会代表　中島康　3

I　五木村の未来　五木村長　和田拓也　5

II　住民運動とダム中止特措法の意味とは　弁護士　板井優　31

III　パネルディスカッション　板井優・中島康　47

参考資料

ダム事業の廃止等に伴う特定地域の振興に関する特別措置法案　58

川辺川ダム問題の推移年表　72

五木村の人口と世帯数の推移　76

（二〇一二年六月二日、熊本市・パレア会議室で開催したシンポジウム
「川辺川ダム中止と特措法による五木村の未来」の内容を再現・編集）

序文

子守唄の里・五木を育む清流川辺川を守る県民の会代表　中島　康

二〇〇九年、発足後間もない民主党を中心とする連立政権は、川辺川ダムと八ッ場《やんば》ダムの建設計画中止を宣言しました。また、熊本における二〇〇八年九月一一日の蒲島郁夫知事による川辺川ダム計画の白紙撤回宣言は、私たち川辺川ダム反対の運動体にとっては大きな喜びとして受け取られました。しかし、このような中止宣言や白紙撤回が出たにもかかわらず、実際のダム中止については少しの進展も見られません。確かに県による五木村の支援策は発表されましたが、肝心の国が約束した五木村をモデルとしたダム中止に伴う新法も、法律を作るどころか、反対に

八ッ場ダム中止の撤回を発言する始末です。

野田佳彦政権においては「ダム事業の廃止等に伴う特定地域の振興に関する特別措置法案」なるものが閣議決定され、国会に上程されるまでにはなりましたが、その後何の進展も見るに至っていません。現在の民主党政権では、この法律が、どのように成立するのかしないのか予断を許さぬものがあります。しかし私たちはこの「特別措置法」が、長年川辺川問題に翻弄され続け、かつて六二〇〇人以上いた村民が現在一三〇〇人を割

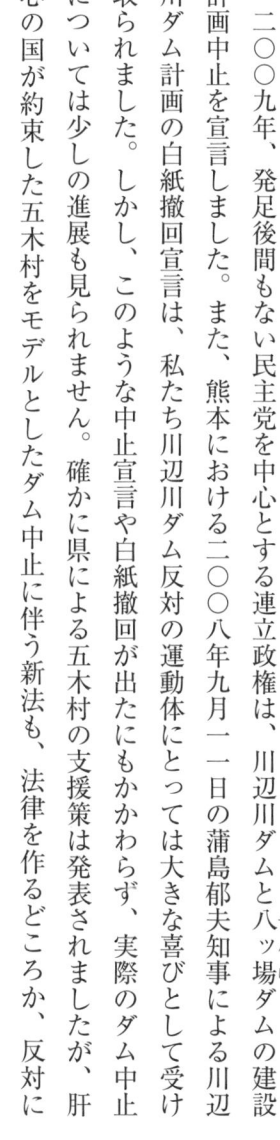

り込もうとまでしている五木村の再生に、どうしても必要なものであると思うのです。

もちろん、この法律を制定しさえすればその日から五木村の再生が始まるなどとは言えません。これまで翻弄されてきた苦しみ以上の苦しみや苦労が当然あることはわかります。

ただ、やはりこの法律で最低限の財政的後ろ盾を作ることは絶対必要なことだと思います。私たちは知事の川辺川ダム白紙撤回宣言以来、五木との交流は十分ではありませんが、徐々に増えてきてはいます。しかし何のこだわりもなく村の人々と村の将来について語り合うまでには至っていません。私たちは長年川辺川ダム反対運動に携わってきました。否応なしにその分だけ五木の人々の気持ちを乱してきたことは確かです。

事ここに至った今、五木の人々がどのような思いを抱き、どのような将来像を描いているのかを聞いて知る必要があると考えました。まず和田五木村長に、川辺川ダムの今後や五木村の将来と特措法、そして川辺川ダムを中止することに対する村長のお気持ちをうかがいたく、今年六月二日に熊本市で「川辺川ダム中止と特措法による五木村の未来」というシンポジウムを開きました。このブックレットはそのシンポジウムでの発言を再現したものです。

また、私たちはこの特措法は五木村に限らず今後の大型公共事業と、その対象地域に住む人々、これに関係する人々にも大きな意味を持つ法律であると考えます。元より五木村にとって、よりよいものにすることが望まれます。和田拓也五木村長の話をしっかりと聞くとともに、この法律の今後の運用をふくめた展開を考えていきたいと思っています。

二〇一二年七月二六日

I

五木村の未来

五木村長　和田拓也

わだ　たくや　一九四七年二月、五木村出身。一九六五年、東海大学第二高等学校普通科卒業。同年、民間会社に入社するも、二年後に退社。一九六七年、五木村役場に採用され、主に経済、建設の仕事に携わる。二〇〇三年に五木村役場を退職し、五木村助役に就任。二〇〇五年に五木村役場を辞職し、五木村村長選挙に立候補するも落選。二〇〇七年一〇月、再度立候補し当選。二〇一一年一〇月に再選され、現在二期目。妻、長男、次男の四人家族。趣味は読書、釣り、ゴルフ、旅行。またスポーツ全般を好む。

こんにちは。昨年は五木村では水没地も含めて、水没者以外の方もご苦労があるという関係で、全世帯調査をさせていただきました。多くの方にご協力いただいて中島熙八郎先生（熊本県立大学名誉教授）が中心になってお願いをいたしたところでありました。立派な報告書をまとめていただき、大変ありがたく思っております。

今日はありがとうございます。少しお話をさせていただきたいと思っております。

和田拓也　五木村村長

ダム中止の意味

ダムは白紙撤回だと一般的に言われるわけですが、実は私も二〇一二年五月三〇、三一日に国土交通省河川局に行きました。当然のことでありますけれど、法的には何も中止という話は出ていないわけであります。これは内閣総理大臣が告示した事項でありまして、当然に継続をされるものだという認識には変わりはないわけです。ただ違いがあるのは、日本の場合は、いわゆる法の趣旨とは別に予算主義というのがありまして、予算についてはこれは執行したり執行しなかったり、予算を組んだり組まなかったりということでありまして、川辺川ダムで言いますと、現地の知事さん、現地の一部の首長さん、現地の一部の住民の方々が「中止がいいよ、中止にしたいね」と発言をされているのが現状の認識だと思っています。

そのような中で予算についてはそれを踏まえて、ダムの治水に関する予算については、川辺川においては今は凍結をして執行をしないという状況になっているのが、正確なところかなと私は捉えています。

一般ではそれだけで済むかと言いますと、多くの約束事項、五木村と熊本県と国と約束した事項がたくさんあるわけでありますから、それについては多少なりとも実現せねばいけないということでありますから、一般的に言う生活再建にかかる分の予算については、予算を組みながら執行をしているという状況であります。

ダムの目的

そこで、五木村のどういうところに問題があるかという話になるわけですが、今触れましたように、みなさん歴史等についてはよく勉強されてますから、ご案内の通りであります。ご案内の通りでありますけれど、紆余曲折あるなかで、紆余も大変ありましたが、曲がるほうも大きくありました。紆余曲折ですと大きな声を上げて言いたいのですが、これについては、われわれが紆余曲折を求めたわけでもございませんで、下流域では当然のことながら、洪水から生命財産を守るためということであります。大きくは水害等についても、砂防いわゆる土砂崩れ等による水害、本流水害、いろいろな水害があるわけでありますが、多くはダムによる水害防止というのは、本流の水位を下げるためのひとつの有効な手段ということになるのかなと思っています。

私どものところでは川辺川ダムと五木ダムという二つの計画がなされているわけです。ご案内の通り、両方とも今、建設については見合わせたいということなので、実質的な話は時の執行者、発注者である熊本県知事が止めたいとおっしゃる以上は、国も無理して造るということは現実的には不可能な状態であるかと思っています。

ダムに関する法体系

その中で五木村の生活再建あるいは未来を担保するためには、どういう方法があるかということでありますけれど、前原誠司国土交通大臣がおいでになりました。特措法という話が出てきたわけです。川に関しては河川法がありまして、河川法のもとには特定多目的ダム法、水源地域対策特別措置法であるとか、推進するための法というのは今まで制定されてきたわけです。河川を何とかしたいね、何とかするよという法律はありました。しかしながら、環境省が所管するような、どういうふうに自然を守るかという法的な整備であるとか、公共事業をやめた時にどうするかという法整備は全くなされていないわけです。なされていないものですから、民主党政権になりました直後に前原誠司、時の国土交通大臣がおいでになりまして、特別措置法なのか一般法なのかそこまでは言及されませんでした。しかしながら、いずれにしても救済する補償をするための方向性はおっしゃったわけでございます。

「なしのつぶて」

中身については大臣就任直後でありますし、小さな話まではされなかったのですが、いずれにしても法を作った上で、今の生活再建については期するようなことをやりたいという趣旨の発言であったと思っています。その時、「五木村には何度でもお邪魔したいし、いろんなご意見をお聞かせください」とおっしゃいました。誠に残念でありますけれども、私どもが行きましても、大臣がお会い下さることは今の段階ではほとんどありませんし、公文書でいらしてくださいとご案内を申し上げても、おいでになることも全くありませんし、生活再建に資する原資としては少し足りないので、五木村の生活再建のための原資である予算をもう少し増やしていただけないでしょうか、というふうに申し上げても全く回答がないという状態であります。

被災地と政治家

これについては、東日本大震災の津波災害もありまして、予算立てが非常に厳しいという一面ももちろんあるかと思います。しかしながら、ある面ではわれわれの所も道路災害等とは違いまして、面的に標高二八二・五メートルまではすべて国が買収して、そこに住んでいた人はすべて移転をさせる行為をやったわけであります。そのことによって、みなさんが非常に厳しい生活になっているわけでありますから、何とかしてくださいということですけれども、なかなか前に進まないというのが実態であります。

付け加えて言いますと、五月三一日に宮城県の南三陸町と東松島市を訪れて、被災地区の避難所を回ってきましたけれど、いろんな方から声をいただきました。その中で私どもが感じましたのは、政治家の方が行っていろんな話をされているんですね。話を聞きますと、誰々がいついつ来てこぎゃん言うた、あぎゃん言うたと。われわれにもそんなこと言います。ところが何の担保もないんですね。言ってみただけなんです。ここはマスコミもいないし。とりあえず言ってみたということが多すぎまして、本当に帰って、自分の所轄の省庁に行って、部下に指示をする。あるいはこうしたいという運動を積極的にされたかということになると、なかなか現実にされてないというふうに私は感じております。

東日本大震災の被災を受けた所とわれわれと、相通ずるところがあるのかなと思います。五木村も不幸でありますけれど、津波、震災の被災の方々も不幸ではないかというふうに思っておりまして、できるだけ早く決断をしていただいて、一〇〇パーセントでなければ少なくとも八〇パーセントぐらいの執行率でやってもらいたいと念願をしているわけであります。

三者協議の目的

五木村の話に戻しますと、二〇一一年六月二六日に国交省と熊本県、私どもで三者協議を開きまして、その中でどうするかという話し合いをしたところでございます。正直言いまして、国交省サイドは実は法を作りたくないんですね。私も役場の職員でしたので分かりますけれど、法を作るということは強制力が生まれるものですから、どうしてもそれに束縛されたくないというのがあります。国交省というのは、他の省庁であったり熊本県だったり、都道府県だったり自治体だったり、いろんな所から、こんなことやるのでお金を頂戴ねというふうに言うのが一つと、直轄事業といういわゆる土木の事業官庁です。そこの方々が自分のを止めてもいいよという法を積極的に作るかといいますと、官僚の意識上やはり作りたくない、これは私も十分分かります。

そこで、あとは政治の力かなと思うんですけれども、実は政治の力が「政」ぐらいまではあるんですけれど、「治」までは出ないと思っておりますが、これは悲しい話であります。昨年六月二六日に集まっていただいて協議したのはなぜかと言いますと、法の成立を期待して待っていたのですけれど、どうも法の成立は難しいのではないかと、今の状況では法の成立までいくのかなと危惧されました。

政令がないと動かない

もう一点は、法律の専門家の方々がたくさんおられますが、法というのは小さいことは決めていません。支出をどうする、ああするかと、担当官庁はどこなんだと。端的に言うと、われわれが一番欲しいのは「五木村をどうしてくれるんですか」と聞きたいんですけれども、いわゆる財政支援をすることができると、計画は県知事がすると。こんな話でありますから、しかもそれは政令に委ねるわけですね。法があっても政令ができなければ法の趣旨はまったく生かせません。政令によって役人は動きますから、政令がなければ物の役に立たないわけであります。うたい文句に過ぎないということであります。さらには、場合によっては各省庁にまたがるものについては、省庁間協議と実施要綱が出てない。そんなものを作るためには、法が国会で通過しても、法が実際に執行できるのは最低でも一年ぐらいかかるのかなというふうに考えました。

そこで、それまで待っているかというと、とても五木は待てないよということがありましたので、三者集まりまして、要は何をお互いに分担してやりましょうかということを、そこで確認する作業をしました。

三者合意の内容

前段で熊本県は、ソフト事業の原資として一〇億円用意しますということでありました。大変ありがたいことで一〇億円をいただきながらいろんなことをやっていく。それから五〇億円のハードの村負担にかかる分ということで、県知事は思い切っておっしゃっていただいて、これもありがたいことではあります。ただありがたいことではありますけれども、熊本県の立場からしますと、ダムを造っても五〇億円以上いるという話でありまして、造らなければゼロというわけにはいかないだろうと、五〇億円ぐらいは出してあげなければかわいそうだねと、こんなご配慮をいただいたのかなと思っています。

国交省においては、自分たちが取得したダムの用地については、もし五木村が活性化のために必要と思われる部分については、貸すことができますよということでありまして、河川法上の使用貸借占用許可になるのかなと思っています。

もう一点は、熊本県にあげる道路事業費あるいは社会資本整備交付金。社会資本整備交付金というのは概ね補助率が四〇パーセントなんですね。道路事業は五五パーセントから六〇パーセントなんですが、一〇パーセント低い補助予算ですが、その社会資本整備交付金をできるだけ配慮しましょうねという話です。配慮とありますから、向こうが気配りをしていただけるでしょうし、気配りがなければいただけないのかなというようなものであります。

五木村が必要とするもの

五木村では何をしましょうかという話ですが、いろいろな計画を立てて、それを具体的に実行していくのが五木村の役割だということで、実は三者合意をして、昨年度から国の予算要求、村の計画に取り組んで来ていまして、二〇一二年から具体的に始まっていくという段階になるわけであります。その中で問題になるのが、村の財源、村の再建がそれで可能かどうかという話でありますそれに関しても、結論から申し上げますと、物ができます。物ができますけれども、再建はできません。

村長としての今までの立場から言いますと、いかに物に金をつぎ込んでも、そのことを利用するソフト面がないといけません。なぜ私がそう言うかと言いますと、一番大きなことは、熊本県知事にも国土交通省にもお願いしていることは、自由に使える金をちょうだいね、ということです。なぜかと言うと、例えば道路を造ります。道路を一つ造るのに、そこに携わる職員の人件費が要ります。その人の交通費があります。それから用地交渉があります。事務経費がいっぱいあります。そして、その上に成り立って初めて事業費という、いくら金が要りますという話が出てきます。その前段については、国からはなかなか見てもらうことはできません。県は少し見てもらう約束になっていまして、大変ありがたいことですが、どうしても一億円使うと、一億円の事業をやるよと言った時に、村の金がゼロかというと必ずそうなりません。どうしても何百万円か何千万円かは村の金が必要になってきます。事業は熊本県が用意しました。国も社会資本整備総合交付金を用意しました。どうぞ村の振興のために計画をしてくださいとおっしゃってくださいました。非常にありがたいことですが、それをやるためには村の財源はだんだん減っていくということに、実はなっていくわけです。ですから、五木村から見ますと、ご承知のように財政的に厳しい立場に追い込まれていくわけです。

もともとダム以前は、役場の職員はアルバイトを含めて一番多い時には九〇人程度でしたかね。現在は四〇数名ということで約半数に減っています。なぜかと言いますと、これは行革を進めたということもありますけれども、やはり時の財政を預かる者からしますと、将来に向けて不安がある。なぜ不安があるかというと、まず人がいないということは当然のことながら税収が減りますね。もう一つは交付税という制度自体が、国からもらえる自由に使える金の算出根拠は、人がいること、学校があること、道路の延長がどうだとかいろいろな交付税の算出指数があります。そういう要素が少なくなってしまう。因子が少なくなってしまうことで、交付税も当然少なくなってきます。村でいろんなことをやりたいねと言ってもなかなかできません。

踏み込みが足りない特措法

もう一つは、いろいろなことをやろうとする場合に、国には国の基準があります。それは、われわれから見ますと五木村は特殊でお願いをしなければいかん地域なんですが、国交省の役人、財務省の役人——中央の霞が関の目から見ますと、山もある川もある空港もあるじゃないかと、決して特殊な地帯ではないのですね。ですから、五木村に何かをという話をするにはなかなかなり得ないのが現実なんですね。多少色をつけましょうという程度の話にしかならない。こういうことでありますから、その中で、財政運営、人のやりくりといろいろなことをやる場合には制約が大きすぎるということがあるわけです。

したがって、私は特措法の中にあるそうでありますけれども、趣旨には、いいことがいっぱい書いてあります。趣旨はその通りだと思います。中身について言いますと、まだまだ踏み込んで欲しかったなと考えています。これは閣議決定をされたものですから、今さら言ってもどうにもならないのかと思いますけれど、あとは要綱の中でどういう風なうたい方をするかということだと思います。

議会の実態

要は多くの財源が必要だということではないわけですが、私どもは当然、この中に議会の方もいらっしゃいますけれども、首長とすれば議会に提案をし、議会で議決したものを執行するということになっているわけであります。提案するときに議会から聞かれますのは、うちの議会も、他の町村議会もそうなんですけれども、「うちは特殊なんだ」と、「うちは特殊なんだから執行しなくてはいけないんだ。どんどんやりなさい。発想を変えてやりなさい」と、議員のみなさんおっしゃいます。ところが議案を出す場合、変わったものを出すと、「それは何か国の了承はあっとかい」とか「何か例はあっとかい」と必ずこの話になります。そこで止まるもんですから、その時にわれわれが一番言いたいのは、「実はありませんけれども、自分たちで使える金が一〇億円ぐらいあります。ぜひ、この金を使ってこんなことさせてください。国からも県からもヒモ付きでない金があります。ぜひこれを使わせていただきたい」と申し上げたいわけですね。ところが、実際はそうではなくて社会資本整備交付金であったり、いろいろな要綱に基づく金なもんですから、必ずよその議員さんはよくわかると思いますが、うちの議員さんは「それは何か。どっか書いてあっとかい。どぎゃん例があっとかい。国の基準はどぎゃんなっとかい」と大体こんな話になりますね。

ですから、そこで職員の発想や仕事の意欲が非常に低下してしまうと、何か余分な事はせんほうがよかなと、怒られてまでしたってしょうがなかじゃないかとなっていくのが一番恐いわけであります。

農地を持たない農家

そんなふうに財政の基盤がしっかりした上でなければ、なかなか再建だ特措法だとおっしゃっても、現実的には本当に村を立て直すという意味から言うと、なかなかうまくいかないわけですね。一例を言いますと、頭地《とうじ》という一番人口が多い集落があります。ここでは職業欄に農業と書かれる方が多いんです。林業とか農林業と書く方が多いんですけれど、農家と書かれるんですけれども農地がないんですね。農地を持たないで農家というのはどうかと思うんですけれども、これも実は県の農業委員会と協議しまして、水没以前には三年間で農地を作るという約束だったわけでして、三年間は農地がなくてもいいということだったんです。ただし、農家であることは残しておく。ですから自分の職業は農家なんだと、たまたま三年間については国から補償金をもらうので、三年間は農業経営はしません、しかし三年以後は農地ができるんで農家に復帰します、したがって農業者年金も引き続き払います、農家の取り扱いをします、農業の籍もありますという扱いをしていますね。しかし、二〇年経っても農地ができないもんですから、農家と言えども農地がない農家なんです。そんな状況になっていまして、何を言いたいかと言いますと、収益を求める農地や場所がここ五木では非常に少なくなっているということです。

どこの地域でもそうなんですが、頭地には床屋さんが四軒ありました。自分でやっている所、人を雇ってやっている所と合わせて四軒ありました。四軒で八年ぐらいありましたね。ところが今は一軒しかありません。この話はいつも出るんですけれども、自然に淘汰されて人口が減っていくのでやむを得ない話ですけれども、五木の場合は経済活動が老いていくスピードよりも早く人口が減ってしまったということです。対応が実態と合っていなかったということだと思います。

行政の「約束」

根本になったのは、国が「三年間で代替地を作るよ。農地を作るよ」とこんな約束を文書化したもんですから、私も当時ダム対策課にいたんですが、ダム対策委員会で侃々諤々《かんかんがくがく》やりました。弁護士の先生のところに行って、「こんな協定を結ぼうと思っているんですが大丈夫でしょうか」と聞きました。当時の弁護士の先生は政治的判断は別として「文言としてはいいですね」とお墨付きをいただきました。「これでいいんだな」ということで実は印鑑を押したわけです。

ところが現実的には、行政の約束というのは実はなかなか約束ではないわけですね。なぜそうなるか、根本から言いますと、四年ごとに県知事も県議会議員も選挙がありますね。ということは、選挙とは昔のしがらみをいったん断ち切った上で新しい政策をやりましょうということなんで、前の人が約束したことを継承する義務はないんですね。債務とかいうのは別ですけれど、政治的判断からするとそういうことになります。したがって、現実にはそういうことが起こり得るし、五木では起こっているということであります。

ぶ厚い協定書というのがありまして、多くの方々に見ていただいて、法廷闘争をやろうかと、行政の不作為ではなかろうかということでいろんな方々と検討をしましたけれど、官僚の方々は作文の仕方がうまいですね。最後は地元の同意が得られたらとか、いろんな条件付きの文言が入っていて、それを盾にして不作為だと訴えるところまでは至らないということで、今のところいろいろ我慢をしている状況であります。

五木の今後

これまでいろいろ愚痴を言いましたけれど、愚痴を言っていても始まらないので、ではこれからどうするのかという話ですね。私は観光を主体にと考えていますけれど、ひとつは高齢者が多いので、この高齢者の方々に安心して住んでいただきたいということを強く思っています。そのための所得だと思います。所得が上がればすべてがオッケーではなくて、五木に住んでいる方々が安心して住み続けていくために、村民所得を上げていかなくてはいかんと考えていまして、いろいろ住宅の改装であったり水道であったり医療費であったりと、いろんなことをやっているわけであります。首長とすればあまり人気がありません。というのは、福祉を一生懸命やりますと、形に残る福祉というのはないもんですから、どこの町村長もそうですけれど、ハコモノを造るとか道をポンと通すとかしたほうが、「やったやった」と喜ばれるわけですね。綿密な福祉というのが大事でありまして、八〇歳のお年寄りになるには八〇年かかったわけで、急に八〇歳になったわけではありませんから、そういう方々は五木の歴史を知られている方として大事にしなければと思っています。

五木の生業に基づく観光

そうは言っても、現実の所得、財源が必要になりますから、私は産業観光を振興していこうと思っています。五木の今までの生業に基づく観光がいいのではないのかなというふうに考えています。テーマパーク的な観光はみなさん行ってみるとあんなもんかなという感じで、その時は良かった、おもしろかったと言いますけれど、なかなか二回は行きませんよね。行きませんからと、今度は趣向を変えて今までになかった施設を造ったりアトラクションを変えたりというふうに、再投資をしなければおいでいただけないという現実があります。私どもはそれではなくて、五木の生業を基にしたことをしていきたいと思っています。

そこで焼き畑農業を経験していただければどうかなと思いまして、焼き畑であるとか茶もみの体験、あるいは昔ながらのこんにゃくを作ってもらうとかですね。今観光協会が一生懸命私たちともどもやっていまして、昨年も多くの方々に来ていただきました。体験型の場合はリピーターになってもらう確率が高いので非常にありがたいことです。一回に参加費を一〇〇〇円〜二〇〇〇円お支払いいただいて来てもらっています。これには五木村の者だけでは知恵が足りないので、県の方々にどういうふうに仕掛けたらいいのか等の指導を受けながら、やっているというところです。短期的にはそういう産業観光を起こしながら、所得に結びつけていくことに一生懸命になりたいと考えています。

林業の振興

長期的には林業です。林業については私どもは九五パーセント山であり、そのうちの六〇パーセントに木が生えています。植林をしてあります。戦後植林ですけれども、多くの先輩方が汗水流して植えられたわけですね。これも鹿の害とか鳥獣の害等もありますけれど、できるだけそういうものを排除する方法をとりながら、将来的には九州の中でも五木産材という木材の供給基地になれればと思っています。そのためには道を入れるとか、森林組合の雇用を安定させるとか、いくつかの問題、施策上の悩みもありますけれども、それらを包括しながら山を守っていければと考えています。いずれにしても、五木村は大変な時でありますので、みなさま方いろいろな方々のご協力をいただきながらということになろうかと思います。

いろんなアイデア

今までも多くの方々からいろいろなアイデアをいただいていますけれども、「ダムを何で止めるのか」と厳しく叱られることもありますし、「今ごろそういうとぼけた話をするな」とお叱りを受けることもあります。今までは「ダム何で造らんのか」というのと「ダムを造っても五木村の振興にならんよ」という賛成と反対の意見でしたが、最近は「水没地を見たけれど、水没地を活用できるような報道があったと。ぜひ元に返すように何とかならんのか」という電話がかかってきます。私が昼間、いないものですから、朝とか夕方にかかってきます。同年代の人が多く、朝早いんですね。朝六時半とか七時にかかってきますので、目覚まし時計はいらないわけでありますす。そのようにいろいろいただくわけですけれども、中には感心する内容のものもありまして、感謝申し上げる次第であります。

というようなことで、みなさんのご理解とご協力とを得ながら、できるだけ五木村は少ない人口ではありますけれど、住んで良かったと思える村にすることだと思っています。

お金より強いものは

今朝一〇時から、村内でグランドゴルフの大会があったのですが、九時過ぎには集まられるんですね。なぜかというと、準備があるので、早くおいでになるんですね。少しでも役に立ちたいと、ただ参加するだけじゃなくて自分も手伝いたいと思って早く来るんですね。ちょっと遅れてきた方はすることがないもんですから、ジュースを買って来たりしてですね。七夕祭りの時には老人会や役場退職者の会が中心になって、飾りをやってくれますね。もちろん、多少はお金がなければ困るんだけれども、金よりも強いものがあると。それは動機付けであって、人から頼りにされたり、人とお話ができたりということが一番いいね、という話をいただいたところでありました。やはり本来は生き甲斐ということですね。

昨日も被災地の仙台市若葉地区に湯前町のタマネギを送ってもらいました。たかがタマネギなんですけれど、みなさん大変感激して、熊本県の球磨郡の湯前という所のタマネギを大変おいしくいただきました、ありがとうございましたと、感謝をされて帰って来ました。実は救援物資として買えば買えるんですね。しかしながら、熊本県の球磨郡から送っていただいたということで、大変感謝されました。やはりつながりや触れ合いがあることがみなさん一番期待されていることかなと感じました。

五木村も非常に困っているのは今、お話しした通りです。みなさま方のご支援をいただきながら、お知恵もいただければありがたいと思っております。ありがとうございました。

中島康　ちょっとここで、和田村長がお忙しくて急いでお帰りになるということなので、質問が

ありましたら、受けたいと思います。いかがでしょうか。

和田村長　先ほどのお話にございましたように、五木村の立場とすればダムを造るか造らんかと言えばどっちでもいいよと、要は五木村の振興をどれだけ真剣に考えているかということに尽きるんだと思います。もともと心情的にダムを造ることに元より賛成でなかったというのは皆さん方、ご案内の通りであります。かといって、決まった以降は表だった反対運動があったかというと、それもございませんでした。何しろ純朴な地域なもんですから、国が言うことを信じてやって来たというのが実状でありまして、今一番関心が深いのは五木村の振興で、そのことだけ申し添えたいと思います。

A　土肥と申します。今日のお話だと、特措法には魂が入ってないということだと聞いたんですけれど、五木村の未来について、短期は産業観光、長期は林業という話でした。しかし、県民の会の名前は、子守唄の里・五木を育む清流川辺川を守る県民の会ということで五木の名前が入っています。川辺川を生かした村づくりというのは、村長さんは議論をされているのかお伺いしたいのですが。

に聞いていただくなりしまして、ずっとお付き合いさせていただいているわけで（ここは前ページから続く）

和田村長　遠方からもおいでになったりお泊まりいただいたりして、お付き合いさせていただいたりしているわけですが、そこで今考えているのは、例えばですね、昨日たまたま鮎の解禁日でした。多くの方においでいただきました。鮎は小さかったんですが、非常に喜んで帰っていただきました。そのほかに具体的に県を通じてお願いしているのは、県が上海に中国事務所を作ったということで、中国の人たちは本物を求めていると。その中では国が認めた清流、川辺川ですね。その地域で作った水を売ればどうかと、県に市場調査、ニーズ調査をお願いしています。私たちの方では、道の駅の方でそれを生産するのにどれだけの単価がかかるのかということを精査しておりまして、川辺川の清流は日本一なんだということが、私どもの売りになっているので、これを最大限に生かしていきたいと思っています。

ある所から来た方に地図をお見せしたんですが、これが流域なんですと、上流には家畜も人もいませんと言って、汚濁の要素になるようなものはほとんどありませんと、こんな地形なんですとお話したら、「こういう所は珍しいですね。貴重な財産ですよね」と言われまして、子守唄と同じくらいの財産になると思っております。ご指摘の通りだと思います。ありがとうございます。

B　星を見るような施設とか、夏休みなんかに子どもたち連れてというのもいいんじゃないかなと思ったんですけれども、天体観察ショーとかは作られる計画はないんでしょうか。

和田村長　ありがとうございます。五木村においでになった方のご案内箇所に端海野《たんかいの》というのが一〇〇〇メートルぐらいの所にあるんですね。そこの地域振興の会が「星空の会」と言いまして、そこは街灯もなく、真っ暗なものですから、観察するのにはいいのではないかということで検討されています。ただ具体的にどうかと言いますと、どのくらいの人がおいでになるかというのがよくわからないということもありまして、観光客のニーズがどんな嗜好でどんな目的でおいでになる方が多いのかなと、宿泊も含めて県と協議をしまして調査をするために今、予算化して、調査を踏まえた上で、どこにどういうものが必要なのかと検討させていただきたいと思っています。貴重なご意見ありがとうございました。

C　昨年、熊本市の交通センターホテルのレストランで、「五木村フェアー」というのがありましたけれども、それについての収支報告がありますか。

和田村長　あれは交通センターホテルさんとやったわけなんですけれども、簡単に言うと交通センターホテルさんはペイしただろうと思います。五木村の方は資材提供上においては、それぞれの収益をいただいておりまして、出荷協議会の方にはかなりの還元がありました。特にこだわりがありましたのは、交通センターホテルさんには「五木村フェアー」でやるんであれば、五木の物をすべて使ってくださいと、醤油も水も五木の水でお願いしたいとすべて五木の物でやらせていただきました。おかげで好評でして、地元にもタケノコ、シイタケ、ソバなどで還元していただきまして非常に良かったと思っています。ありがとうございました。

D　鹿の害の話をされて、林業ということでしたが、鹿の肉を作って、どういう販路が計画されているのかということが一つと、もう一つは去年の春だったと思いますが、頭地の方に行った時に、川原に畑を作っていて、前より広くなったような印象を抱いたんですが、あそこで耕作ができるのかということの二点についてお聞かせください。

和田村長　鹿の話をしますと、一年間に一五〇〇頭ぐらい捕獲をします。頭数調整ということで県から八〇〇〇円いただき、村の助成金も付けまして捕獲をしています。熊本市はそうないのですけれども、たまに大都市圏から研修においでになった方が、駆除までいきませんけれどかわいい動物をなぜ殺すのかというご指摘をいただきます。しかし、実状を申し上げますと分かっていただけます。林業との関係で言いますと、鹿が冬の間に食べ物がないものですから、立木の皮をはいで中の白いところを食べます。五〇年かかって枝打ち等手入れをしてきた木が一回皮をはがれたことによって、その木がおじゃんになってしまいます。今、鹿ネットというのを張りめぐらしまして、鹿が入って来ないようにしています。ただ、冬はかなりですね。森林保持者にとりますと、何年もかけて育てたものを一夜にしてやられてしまうものですから、森林を保護する目的でやっております。

また鹿はシイタケをあっちこっち取ったり、最近ではワサビを食べるようになりまして、野ワサビが少なくなって、五木はワサビが特産だったのですが、ワサビを鹿が何につけるかわかりませんけれど、少なくなって困っています。

農地の話については、今国交省にお願いして、暫定的に使わせてもらっています。大きい所では一人一〇アール程度で、農業経営という観点ではなくて家庭菜園程度に作っているということです。経営するためには、一〇ヘクタールの農地を造成するという約束になっていました。ところが今は六〇パーセントです。肝心なところなんですけれど、一〇ヘクタール復元しますからということで、一〇年前に農家からアンケートを取っています。一〇ヘクタールが前提ですから、ある人は「私は一・五ヘクタールなければ農地経営ができません」と一・五ヘクタール申し込みされています。それを今配分しようとしたら、ほかの人にしわ寄せがいってしまいますから、配分できない状態になっているわけですね。それでは、一・五ヘクタール要ると言った人にごめんなさい、一ヘクタールで我慢してくださいねと言っても、その人は三〇アールはお茶を作りたい、残りは栗をやりたいと思っているわけです。それをどっちかを止めなさいと言っても経営にならないわけです。ですから、今でも配分できないというのが一つ。

もう一つは国交省が買い戻し方式なんですね。買収費の七割で買い戻しなさいという話。何が問題かというと、二〇年前は補償金をもらった直後ですから、三年間の補償金をもらいましたから、その間であれば買い戻す金がありましたけれど、ところが二〇年間も経ったら経営資金が残っていません。買えと言われても買う金がありません。高齢化にもなっていますし、しかも単価が人吉球磨あたりは一〇アール当たり三〇万円、三五万円ぐらいなんですよ。ですから国交省の計算でも、驚くなかれ一〇〇万円するんですね。買えと言われてもなかなか買えない。面積の制約もある。したがって、農地を取得できない。そこで家庭菜園を作るということですね。今度は水没地域を利活用ということで、水没地域を農業用地にしますとある程度は利活用はできます。問題は永久作物ができないということですね。単年度作物でないとだめなので、お茶や栗とかはできないですね。ですから、家庭菜園に毛が生えたような事業の仕方しかできません。これは問題ですので、国交省にはそういうことではいけないので、使い勝手がいいようにしてくださいとお願いしています。まだ結論は出ていません。私たちの特産は栗・茶・シイタケなんですね。それをダメだと言われるもんだから、あくまでも河川法上の国有地なので、目的意識が全然違うのですね。

　われわれからすると、占用願いを出すんですけれど、占用願いが大変でして、例えばどこかを占用したいと、水没してない所の間伐材を出したいと、道がないので水没地に出したいというわけですね。その時に国交省は法律に基づいて、占用願いを出してくださいというわけです。ところが占用願いの様式は、写真があって平面図があって断面図がどうのこうのとですね。七〇過ぎの人に現地に行って、写真を上流下流で撮って、平面図、横断図、索道があれば索道の計画書を出してくださいと言われてもできないわけです。しかも間伐するのも赤字ギリギリで、その時の収益がなくても将来のためになるかと考えてやっているのです。それに、そういう書類をそろえてくれと言われれば、もう止めたとなります。そこが一番困っていることですね。

　村とすれば、そういう弊害をなくすためにご相談があれば、お手伝いしてあげますと言っていますけれど、役場に行って、そこまでお願いしてもなあという方もおられるというのが現実ですね。

中島康　どうもありがとうございました。今日はいろいろ聞かせていただきました。やはり五木のことについて考えるという前に、私たちは五木をより知ることが必要だなという印象です。和田村長、今日はありがとうございました。

II

住民運動とダム中止特措法の意味とは

弁護士　板井 優

いたい　まさる　一九四九年八月、沖縄県那覇市出身。熊本大学法文学部卒。一九七六年司法試験合格。一九七九年、熊本県弁護士会登録。水俣病訴訟弁護団事務局長、ハンセン病国賠訴訟西日本弁護団事務局長、川辺川利水訴訟弁護団長、原爆症認定集団熊本訴訟弁護団長、全国公害弁護団連絡会議事務局長・幹事長・代表委員などを務め、社会問題の解決に尽力している。

川辺川ダム問題では二〇〇三年の川辺川利水訴訟控訴審判決で勝訴、二〇〇五年の熊本県収用委員会で裁決申請取り下げ勧告を勝ち取り、実質的に国にダムを中止させる道筋を作った。

公共事業の止め方

みなさん、こんばんは。先ほど和田拓也村長からお話がありました。この国の公共事業を止める方法がないとずい分前から言われていました。本当はいっぱい方法があるのですよね。簡単なことなのです。例えば、政府がやる気をなくせば終わりということなのです。問題は、やる気がある場合でして、それをどうやって止めるのかというと、裁判制度などいろいろ大変な問題があります。

板井優弁護士

土地改良法という法律があります。利水事業をやる時の根拠となる法律なのですが、事業を始めるときに「三分の二以上の農家の同意」が必要です。その後、事業を途中で止めることが問題になって、土地改良法という法律の中に「止める場合は三分の二以上の関係農家の同意が必要」という規定が出来ました。しかし、こんなにデタラメな法律はないわけで、なぜかと言いますと、例えば川辺川利水事業の関係でいうと、例えば、やりたい方もやりたくない方もほぼ半分ずつの場合ですね。そうするとどうなるかというと、いつまでも身動きがとれないわけです。一見いい法律のように見えるのだけどどうしようもない。結果的にいつまでも前進も後退も出来ないというふうなことになります。

ダム中止特措法案閣議で可決

民主党政権になって、ダムを止めようということが言われました。八ッ場ダムだとか川辺川ダムを止めようと前原国土交通大臣が言ったのですね。これはあくまでも政治的な発言なので、法律上の発言でもなんでもないのです。じゃあ具体的にはどうなるのかということで、法律を作るのか作らないのかということがずっと問題になっていました。やっと二〇一二年三月一三日の火曜日に——火曜日というのは閣議が開かれる日なのですね——閣議で「ダム事業の廃止等に伴う特定地域の振興に関する特別措置法」案（ダム中止特措法案）という、非常に長い名前の法案なのですけれど、要するにダム中止の特措法案が閣議を通りました。

しかしこれはまだ審議されていません。審議されていない理由は、国交大臣の問責決議が出ていることです。この問責決議が出ると、国会の国交委員会、国交関係の委員会の審議はすべてストップするのですね。一切動かないということになっているのです。非常に困ったことになっているのですね。

ただ言えることは、この法律案は民主党が作ったのではなくして実際は国交省が作るということで、民主党の関係議員総会の時にこれを発表して、今年の三月一三日に閣議を通って審議するだけになっています。問題は国会でこれが通らないとなると、民主党政権がどうなるのかよくわからないということがあるので、非常に心配ということでもありますが、先行きが暗いということになります。

注：その後、内閣改造で国交大臣が更迭され、国会の会期が延長された。

公共事業を止める法律は必要

私どもの立場から言うと、ダムの問題、最終的に止めるというためには、法律ができていないと困るわけです。そうでないと、永久に闘争していなくてはならないものですからね。非常に困ります。

どういうふうに困るかという具体的な話をすると、二〇〇三年五月一六日に福岡高裁で国営利水訴訟の判決が出て、一九日に当時の農水大臣が上告はしませんということになったのです。そして、六月の公害被害者総行動デーになって、農水省に交渉に行きましたら、農村振興局次長が「いや、上告はしなかったけれども、別の計画を作ってやることにしました」「文句があるならまた裁判してください」と言いました。何度も裁判するほど私たちもそんなに暇ではないので、相当に困ったなと考えたわけですね。ただ、行政の作る計画はみんなそうなっているのですね。

私は今、原子力発電の裁判もしています。例えば、ある原発計画の取消を裁判でやって、実際にはこれまで勝訴して確定したことは一回もないのですが、仮に勝訴して確定したとします。その時に、原発企業が裁判所の指摘した点をクリアしてもう一つ計画を作って国がこれを認可するとすれば、何の造作もないわけです。そういう意味では本当に法律的に止めるという、そういうものが必要なのですよね。そういう法律がないと、いつまでもやらざるを得ないことになります。

そういう意味で今回の法律案というのは、私はこれが是非、ダムを止めるという意味で、通って欲しいと思っています。

ダム中止特措法案には権利条項がない

ただこの法律案の中身については、相当いろいろな意見があります。私自身もこれを読んでみて、相当いい加減な法律だと思います。普通、私たちが関与する法律というのは、権利条項と言って国民の権利がちゃんと保障される形になっているのです。ところが、この法律のどこを読んでも、権利条項がないのです。要するに、社会福祉政策で対応しますとなっています。法案の最後の方になると、もっとひどいことが書いてあります。予算の範囲内で頑張りますという趣旨のことが書かれています。

だから、一見何か規定しているように見えるのですが、具体的には何も規定していない。要するに、その地域の人たちが一生懸命頑張らないと、何も実現をしないという構造になっています。先ほど和田拓也村長の話の中で、アイデアをいっぱい湧かさなければいけない、そうしないとなかなかこれが実現できないというふうなことがありました。その点は、ぜひご認識を願いたいなと思っています。

計画は出来たが水没していない未完成ダムが対象

この法案は結局、ダム計画を立てながら完成に至らない場合、要するに、ダムを造る計画を立てたが、まだ水没をしていない時にダムを止めることができるという法律なのです。既に出来上がったダムを壊す場合には適用がないのですね。この法案は、計画を作ったが完成していない時に止めようと思った、こういう場合にどうするかという形になっているのです。

ただ、その場合もいろんな条件があって、止めようと思った地域が他の地域に比べて、経済的にあるいは他の理由でちょっと大変だとか、そこを地域振興してあげる必要があるとかですね。不要と思える条件がいっぱい書かれているわけです。そういう条件を全部国交大臣の方でクリアし認定したということになると、計画を止めますということになるわけです。

そういう意味では、なかなか大変な法案ということになります。

国営ダムが対象、県営は任意的

この法案が対象にしているのは、国が造るダムすなわち、治水専用ダムとか特定多目的ダムだとかいうものです。もう一つは水資源機構が造るダムです。いずれにせよ、国が関係するダムです。県の関係のダムというのはこの法律の直接の対象ではありません。ただし、県が県営のダムを廃止しようということであれば、例えば熊本で言えば天草の路木ダム、造るという計画をしてまだできていないという、こういう場合に止めるのにどうするかといえば、この場合には国は援助をすることができるということが規定されています。援助しなければならないとは書いてない。すなわち、義務条項ではなく、任意条項になっています。

既設ダムは適用の範囲外

このダム中止特措法案は、既設のダムには適用されません。すなわち、既設のダムを撤去することはこの法案とは関係がありません。

ところで、荒瀬ダムを撤去することになったのですが、球磨川にある荒瀬ダムの上流に瀬戸石ダムがあります。あれは今、電源開発株式会社がやっています。荒瀬ダムは県営だったので、国のお金で助成出来るのですが、瀬戸石ダムに同じように適用することは難しい問題です。要するに、撤去問題は県営よりもさらに難しいのです。しかも、経営的にも非常に厳しいことがあります。瀬戸石ダムは無人で、マイクロウェーブで四国の電源開発関係のダムにつながって、そこで管理をしていることになっているのです。本当は止めたいと会社は思っているのではないでしょうか。しかし、止めるお金（撤去費用）が必要です。そういう意味ではかなりの規模で住民運動が起きないと、そう簡単には撤去ということにはならないと思っています。

評価すべきはダムを止める法案であること

国の側から見てどういう法案の構造かというと、例えば、当初水没するということを前提にして土地を買収するわけです。ところが、後になってダムを造らないとなると、水没しないわけです。そうすると、水没することを前提にすれば、河川敷という形で使用する訳ですが、水没しないことになるとこれらの土地が余ってしまう。さあどうしようかということになるわけですね。

その土地を、地方自治体やそれを売った人に優先的に買ってもらうとかいうことを、計画しているようです。しかし、これも買い戻しということを規定していません。すなわち、権利という構成には形に一切なっていないのです。その理由は簡単です。要するに、たぶん買い戻し権を設定するとなると売り尽くすまでに、何年も国交省の役人を張り付けなくてはいかんだろうということになります。そうすると、国交省は簡単に撤退できなくなってしまうという問題があります。そういう意味では、国交省に都合のいい形で対処できるというふうな形の法律になっています。

しかし、この法律についていろいろ議論があるのでしょうが、私は、少なくともダムを止めるということを規定した初めての法案であり、地方自治体や住民が力の出しようによっては、地域振興を図ることができる内容になっていることも間違いはないので、そこは評価することができるのだろうと思います。

河川整備基本方針との関係

具体的な見方についてはいろいろな議論があります。例えば、川辺川ダム建設計画の問題について言うと、河川整備基本方針はもうできています。これは理論的にダムを前提にしているのだということになっています。もっとも、河川整備基本方針の中にはダムを造るということを書くことは法律で禁じられています。その次の河川整備計画を策定する段階で、治水方法としてダムを造るのか造らないのかを書くことになっています。

この法案では、河川整備計画の中で、ダムを造らないとかあるいは縮小するだとかそういうふうなことを書いた上で、その地域はダムを造らないことにしましたという形になるということです。

河川整備基本方針は変わっていないのだから、ダムをまだ造るつもりがあるじゃないかという疑問を呈する人もいます。しかし、整備計画というのはだいたい二〇年から三〇年もの期間を前提に策定されます。ということは、その期間、毎年国交省の役人はダムによらない治水の予算を作らなければならないことになるのです。二〇年から三〇年経つともうダムのことは忘れるのではないかと思っています。そういう意味で、現実的にはもうダムを造らないということになると思います。

立野ダム建設計画は対象になる

ダム中止特措法案の適用範囲ですが、国が関係するダムということになるので、熊本で言うと立野ダム建設計画、これが対象になります。

立野ダム（阿蘇山の外輪山の裂け目、ＪＲ立野駅近くにダムサイト予定地がある）の関係で言うと、最近白川の大甲橋付近で河川改修を行っています。去年から今年、来年にかけて、相当量川幅を広げるようです。そうなると、立野ダム建設計画はいらないと思うのです。もしかしたら、国交省が、立野ダム建設計画を新しくできる法律の対象と考えているのかと、想像したくなることがあります。ダム計画予定地には戸下温泉がありましたが、そこが水没するということで、みんな土地を売って出て行ったということがあります。そういう意味では五木村と似ている側面があるのですね。昔、長陽村で今は南阿蘇村、あの一帯にダムを造らないということになれば、どういう形で利用していくのか、今後、関係自治体の課題になるだろうと思います。

八ッ場ダム建設計画も対象となる

八ッ場ダムについても、この法案を立法する替わりに八ッ場ダムを造るんだということを、二〇一一年末から二〇一二年初めにかけて民主党の中で議論がありました。しかし、この法律が先にできたら、八ッ場ダムを造らないということも、法律との関係であり得るのかなという気もします。そういう意味では、この法律ができて、八ッ場ダムを始め全国の未完成ダムが、この法律の対象になるという大きな課題があると思います。

注：二〇一二年六月五日の全国公害被害者総行動デーの一環として行われた国交省交渉で、国交省側はダム中止特措法案の対象として八ッ場ダムが入ることを認める旨の発言をしました。

ダム中止特措法（案）の活用

今日、私が一番お話をしたかったのは、この法律が出来たら、どういう風にこの法律を活用したらいいのかということです。

権利条項がないわけですから、裁判するというものではないのですね。とにかくいろいろな計画を作って、熊本県に持って行って、熊本県でもう少し形のあるものにして、それから国に持っていって何とかしてくださいよと言って、国がわかりましたということで、河川整備計画の中にダムを造らないというふうにして、国の方も基本計画を作って、そして地域指定をすると、そうすると熊本県は具体的な実施のための計画を作るということになります。

この法案は抽象的な理屈が書いてありますが、何一つとして具体的なことは書いてないのですね。有り体に言うと、国交省は悩まなくてもいいことになっているのです。一番悩むのはその関係する地方自治体ですね。法案の形式は、当該の自治体が県を動かさなければいけないのですから、大変苦労の多い法律なのです。しかし、そういうことを地道にやっていけばダム無しの地域振興を図れるという側面をこの法案は持っています。

私どもは仮にこの法律が通った場合には、この法律をどうやって活用するのかという活用方法を、みんなで勉強しておく必要があるのではないかと思います。特に、この法律を具体的に活用するには、まさに水没する地域または流域の住民の方々に依拠して、具体的にこの法律をどうやって生かしていくのかという話をしないとダメだと思います。

そういう意味では具体的な使い方を分析して、ブックレットにするなりして、全国的に関係する所で討論と行動の材料にする必要があると思っています。

すなわち、この法案は国交省にとっては非常に使い勝手のいい法律で、関係する地方公共団体は相当苦労させられます。しかし、一応努力をすれば地域振興のためのお金が出るという側面も持っていることも間違いないので、そこをどううまく利用するかということが問われていると思っています。

河川整備計画に脱ダムとは書かない？

この間、ある所で、国交省がダムを撤退するためにこの法案が通っても、河川整備計画の中で、ダムを造らないというようなことは言わないと思うという人がいました。

たしかに、昔昔、国交省（旧建設省）がいったんダムを造ることを決めたら絶対に造るんだと、だからダムは絶対に出来るとみんな思っていたのですね。

ところが、国営利水訴訟の控訴審判決の時に、とにかく上告してもらっては困るというので、いろんな政党に要請するためにあちこち回りました。当時、自民党県連に行って木村仁県連会長に会いました。そうしたら木村会長は、利水事業だけならともかくダムについてはちょっと難しいよと言います。国交省が言うには、この国の生命財産は自分たちが責任を持っているのだ、県連が何を言うかと、相当きついこと言われたらしいのです。

しかし、それほどまでに自信を持っている国交省が、ダムを止めるという歴史的な時代を今迎えているわけですね。いろいろな政治的な条件があったとしても、少なくともダムを止める法案を作るという、国交省にとっては、そういう意味では非常に屈辱的なことかも分かりません。だからこそ、自分たちでこれを考えました、作りましたと、なるべく国交省にとって痛みのないような形の法律であることは間違いないのですが、しかし、それでも世の中が確実に変わってきたことは間違いないと思います。

原発によらない地域振興特措法を！

いろいろあるので、どういうふうに考えたらいいのかと、皆さん方思っているのだろうと思います。私はこの間、ある所で、ダムによらない地域振興法案ができる時代だから、原発によらない地域振興を図る法律があっていいのではないという話をしました。その時に、五木村のブックレットを持って行ったら、聞いた人が非常に関心を持って、「そんなことできるのですか」と言うので、私が「実際にそれができたのだ」と言って「時代はここまで来ている」という話をしたのですね。

ダムも原発も同じようなものですが、わが国では、大体造るだけ造ったわけです。あとはその寿命をどう延ばすかという、補修をどうしようかという歴史的な段階に入っていて、私はある時国交省の白書を読んだら、国交省の今の最大のテーマは新しくものを造ることじゃないのです。すでに造ったものの寿命をどうやって延ばすかというのが、今の国交省の最大のテーマなのです。要は、寿命がきたものを壊すのか、さらに寿命を延ばすためにやるのかという議論を国交省の中でもしているのです。

老朽化したダムは壊すべきである

私は、不必要なものは壊した方がいいのではないかと思うのです。一つの選択肢でいうと荒瀬ダムがまさにそうだったのですね。あれは荒瀬ダムがどうこうじゃなくて、老朽化した施設を壊すのかそれとも補修をして寿命をさらに延ばすのか、そこが最大の争点になっていたわけで、そういう意味では壊すという形の選択肢を取った事例でした。

今年の初め、東京で、水郷水都全国会議の事務局をしている人と会ったのですね。おもしろいことを言うのです。今年の水郷水都会議では千葉県のことを取り上げると言うのです。なぜかというと、千葉では県営ダムを壊すというのです。費用は一〇何億円とか一五億円とか言っていました。要するに、荒瀬ダムの外にダムを壊す計画があるのですね。その運動をしている団体というのは、千葉県の自民党県議団だとその方は言うのです。実は壊す方も金になるのです。造る方も金になるけれど、壊す方も金になるのです。荒瀬ダムをどうやって壊すのかという研究は広く行われているようです。ですから千葉だけに止まらないだろうと思います。

熊本の荒瀬ダムも最初は県内のある企業が壊すのかなと思っていたのですが、なかなかうまくいかないみたいで、関東のある企業とジョイント・ベンチャーして入札したら、落札したそうです。

これまで話したように、老朽化したものを止めるという形で処理をしていくのか、補修をして寿命を延ばしてやっていくというのか、そのどっちかを判断をしなければならないという歴史的な段階に来ていると思います。

同じように、ダムの建設計画を策定したが、なかなかダムはできない。そういうものをどうしようかと、どこかで諦めて、ダムを造らないということを法律で決めて、そのルールにしたがって処理するという、そういうふうな歴史的な時代が来ていると思います。そういう意味でダムによらない地域振興を考える、そういう法律が今作られつつあると思います。

くどいようですけれど、原発でもそういうやり方があっていいのかなと思っています。これはまだまだ先の話だと思います。そういう意味でこのダム中止特措法案の意義をしっかりつかみ取って、もしこの法律ができたなら、これをちゃんと活用できるようにするということ。このことが私たちの課題なのかなと思っています。

五木村の地域振興

昔、一九九六年六月に、国営川辺川ダム利水事業の裁判をする時に、実は私は一番弱ったと思うことがありました。五木村の方々にこの裁判はけしからんと言われたらどうしようかと悩んで、本当に来られたら困るなと思っていました。その時には、五木村の方々にどう話をしようかと一生懸命考えていました。

五木村の方々がダムによってもダムによらなくても、いずれにせよどっちの方策であっても、地域振興を図ることについて私どもは応援をしますと言おうかなと思っていました。私どもは、去る二〇一一年八月に五木村の現地調査を行いまして、和田拓也村長にも出ていただいてシンポジウムを開きました。シンポジウムの内容を『五木村』というブックレットにして刊行しました。

私どもの考えは二つあります。一つはダムによらない治水対策。それを法制化することが必要だと思います。もう一つは五木村が今後どうするかということについて、私たちは当然関心を持たなくてはいけないし、かつ必要な努力をしなければいけないと思っています。私たちは私たちなりのできる方法しかできないわけで、その方法の一つとして、ブックレットを出して全国的に誰でも手に入れられるようにして、五木村の再建をしようと考え、今、置かれている状況なども説明していこうと努力を致しました。

こういうことを通じて、多くの方々が五木村の問題に関心を持っていただきたいと思っています。今日お集まりのみなさんで、五木村のツアーを組まれるなどいろいろな形で関心を持っていただければと思います。

Ⅲ

パネルディスカッション

板井 優・中島 康

司会　ありがとうございました。特措法の歴史的な意味を確認して、しかしこの特措法を生かすも殺すも五木村民の皆さん、流域の皆さん、そして私たち県民の力だということだと思います。続きまして、パネルディスカッションに移りたいと思います。

中島　私から板井先生に質問をしたいんですけれど、特措法というのは、ダムから撤退するために、国交省がより良く撤退しやすいようなつもりで作った法律と考えてよろしいですか。

強制収用裁決申請の取り下げ

板井　率直に言って、今の私の答えはイエスです。

どうしてかというと、国交省が一番きつかったのは熊本県収用委員会で、強制収用の裁決申請を取り下げなければ却下すると言われたことであったと思っています。これは実は大変なことです。土地収用法を所管する官庁は国交省なのですね。要するに、国交省の言うとおりにしないといかんわけですよ。だから、毎年、年末には国交省と熊本県収用委員会の関係者は忘年会をしていたそうです。しかし、この川辺川ダム問題があってから忘年会はしないということになったそうです。

取り下げなければ却下するという土地収用法上明記した条文はないのです。これはあくまでも熊本県収用委員会が解釈として、こういう場合には却下できると言っているわけです。当然国交省はそんな解釈は許さんと言っているわけです。

どうなるかというと、国交省が取り下げない。熊本県収用委員会は却下します。そうすると国

交省は直ちに異議申立をするわけです。異議申立をすると上部機関にいきますから、今度は国交大臣が判断します。直ちに却下決定を取り消します。また元の収用委員会に戻るのです。そしたら、また熊本県収用委員会が却下する。こうやるのですね。これは将棋で言うと、千日手になるのです。将棋の世界では千日手は先にやった方が負けとなっているわけです。坂田三吉の有名な話ではそうなっています。

私どももともとそういうことになるということは知っていたので、国交省が負けるんだと言ったのですね。ついでに言うと、熊本県の収用委員会はもし最終的にこれで決着がつかなかったら、最後に裁判所に持ち込む決意を持っていたようです。

そのための意見書をあらかじめ書いてもらっていたということです。これは土地収用法コンメンタール作成に関与した学者に頼んで、意見書を作ってあったそうです。結局、国交省はあの時強制収用裁決申請を全て取り下げたのです。別に人がいいから取り下げたわけではないと思います。

ダム中止特措法案の背景

国交省の中では、どうやって止めるのかということを考えていた方々もいたと思います。川辺川ダム建設問題でどこまで闘うのか別にして、もうこんな苦労はやってはおられないと考えたとしてもおかしくは無いと思います。

同じようなことかと思いますが、第一回住民討論集会の時、国交省の塚原健一さん（当時川辺川ダム事業を担当していた川辺川工事事務所所長）が、八代には川辺川ダムは必要ないのだという趣旨のことを言っちゃったわけです。これは国交省にとっては大変なことでした。彼はその後、九州大学の助教授になったそうです。

川辺川ダム建設問題では、国交省にとって大変辛い闘いもあったと思います。そして、民主党連立政権が出来て、国交省としては、川辺川ダムは造らない、しかしダム中止特措法も作りたくないと思っていたようです。しかし、昨年末からの、民主党の中の内紛で八ッ場ダムは造っていいから、その代わりダム中止特措法を作りなさいということになり、それで八ッ場ダムは造りますと、その代わりダム中止特措法も作りますということになりました。

ただし、特措法は五木村をモデルに国交省にとって都合のいいものを作りますということになりました。そういうことをしたから、新聞報道では、五木村と熊本県はダム中止特措法案に積極的な評価をしていないようです。

かつては、国交省というのは絶大な権力を持っていたわけです。五木村だとか熊本県が文句を言える相手ではなかったわけです。それが今は堂々と言うし、新聞にもそういうことが載るわけです。関係がまったく変わっているのです。

中島　もう一つ聞きたいんですけれど、今度の法律では末端の五木村とか地方自治体が一番苦労しなければいけないんだという話だったんですけれど、素人の私が読んでみますと、五木村が頑張れば何でもできるような気がするんですよ。そういう自由度というのがあるように思えるんですけれどどうなんでしょうか。

ダム中止特措法の活用は住民・自治体の闘いによる

板井　先ほども言いましたが、この法律は国からお金が出るという保障はどこにもしていないのです。それどころか、最後のところでわざわざ書かなくてもいいと思うのだけれども、予算の範囲内においてやるという趣旨のことを書いているわけです。ということは、国交省が断る時にも予算の都合で出来ないと言えるわけです。何が予算の範囲内なのかって誰もわかりません。調べることもできないでしょう。そういう意味では国交省が断りやすい形になっているわけです。そんなに簡単に国交省がお金を出すという関係ではないと思うんですよね。

ただ、いくつかのダムに関しては住民・自治体側が要求していくと、聞かざるを得ないことになります。なぜならば政府が法案を出して国会で法律が成立するのですから、その法律を活用しなければいかんということになると思います。

脱ダムのゼネコンの誕生

もう一つは、森武徳さんが下筌・松原ダムダムで頑張られて『脱ダム、ここに始まる』という本を出したのですが、その中で私と馬奈木さんたちで座談会をしました。座談会の中で議論になったのは、ダムを造るというゼネコンとダムを壊すゼネコンは一緒なのか違うのかということです。これは違うのです。要するに、今はダムを造る方の勢力が強いからダムを造らない方のゼネコンはまったく相手にされない、そんなこと考えてもいけないとされているのだけれど、法律ができてダム問題が反対の方向に向いたら、これがお金になりますということになると、必ず、ダムを造らない住民・自治体側に付くゼネコンが出てくるはずなのです。そういう意味でこの法律が機能して一定のところまで行けば、そういう層が積極的にこの法律を使ってやっていくということにもなるわけです。

そういうふうに考えていくとこの法律は国交省が絶対に損しないように、ゼネコンも絶対損しないようにできているのです。ただ目的が違うわけですね。これまではダムを造ります。これからはダムを造りませんと。目的が違うけれど、損するという形にはなってないのですね。そこを、たぶん儲けたい人はすぐ見るでしょうね。

中島　私ばかり聞いていてもいけません。みなさんからぜひ質問してください。特に特措法、五木村の再生についてご質問があれば受けたいと思いますけれどありませんか。

特定地域振興計画の策定

E　鳥飼と申します。五木村の全世帯調査に参加させていただきました。この特措法をきちっと完成させるためには、特定地域振興基本計画が絶対要りますよね。これはどこがどういう責任を持って作るんでしょう。これがないとこの法律は生かされませんよね。

板井　これは国交大臣が作ると思います。例えば五木村が熊本県に対して川辺川ダムをなくして欲しいと要請すると、熊本県知事が国交大臣に申請をするのです。国交大臣がいくつか要件が満たされていると判断した場合には基本計画を作るのです。そしてこの地域がどの地域なのかという指定をするのです。地域指定です。この地域指定ができたら、熊本県がより具体的な計画を作ることになります。ただその時にはいろいろな人のいろいろな意見を聞きなさいと、その中にダム工事をする業者も入っていますし、もちろん住民の意見も聞くことになっています。それを聞いて計画を作って、そしてそれを基本にやっていくことになっています。これを簡単に言うと、利益誘導型の法律です。

もしこの法律を見て、保守政党あたりが、やり方がわかっているなら、地域に入っていっていろいろお話をして、よしよしこれは熊本県に行って、これは国交省に行ってやりましょうと言えば、そういう運動の流れができるはずです。もちろん、もともとはダムを造る政党だったはずですが、その時はダムを造らない方向で頑張る政党に変わっているはずなんですね。当然、そういうことがあり得ます。むしろそうなるでしょうね。この法律が具体的に動き始めると。先ほど和田村長も言っていましたけれど、ダムを造るか造らないかという問題で、五木村がしゃにむにダムを造ると言った歴史はないのです。反対した歴史はあります。

問題なのはダムを造るか造らないかよりも、その地域をどうするのかということなんですが、この法案が社会的に認められて、社会を突き動かすような流れになれば、もうダムは造らないという方向に必ずやなると思います。

ダム中止特措法案の期限

E　もう一つ、関連して質問します。これは特定地域の振興に関して延々と継続してやると、永遠に補償していくことにならないと思うのですが、そこらあたりはだいたい、よそでこういう期間限定はありますか。これはずっと力関係で、もしかしたらずっと延々と延びるのではないか。

板井　そういう心配がする人がいても、その心配をする何の価値もないのです。金を出すかどうかは国交省の胸先三寸にかかっています。要するに、出さなきゃいかんなと国交省が思えば、出しますということなので、何度も言うように権利条項がない法律なのです。その意味では、住民・自治体の闘いにかかってくると思います。

長期計画の策定

E　ということは、長期計画は立てにくいですよね。振興計画の長期計画。逆に立ててそれを要求するということはどうですか。

板井　そういうことになると思います。

河川敷の活用方法?

F　さっき和田村長の話で、お茶とか栗、シイタケは永久じゃないですね。永久のものは植えられないという話があったんですけれど、それを植えるためにはどう適用すればいいのか。

板井　先ほどの和田村長の話はダム中止特措法が成立する前の状態を前提にしています。ダム中止特措法がない状態だと、買収した用地は河川敷になっていると思います。河川敷だから半永久的な施設を作ったり、半永久的な木などを植えたりすることは、できないことはできないという理屈の上に成り立っているわけです。でも、ダム中止特措法ができたら、河川敷は水に沈まないのですよ。だから、河川敷の指定を取り消すことになる。そしたら、普通の国有財産になるから、普通の国有財産は売ってよろしいというのがこのダム中止特措法です。ダム中止特措法案では、この土地について、優先的に譲りますよ、あるいは自治体に譲りますよと規定しているわけです。

去年の暮れごろの新聞で、河川敷利用のやり方がカラーで報道されています。これは河川敷をどう利用するかということで、公園の絵を紹介しているわけです。ということは、河川敷は水に沈まないということが前提になっているわけです。だから、ダム中止特措法ができればこういうことになります。しかし、まだダム中止特措法ができてないので、今この段階でどういうことができるのですか、ということです。

沖縄で言えば、嘉手納基地の中に黙認耕作地というのがあるでしょう。ちょうどあれと同じようなことが起こっているのですね。だから、半永久的な形の使用計画でなければ黙認しますということだけなのです。

収用した土地の価格は?

中島　もう一つ。この特措法の中で、頭地地区みたいに土地を県に譲り渡すという趣旨が書いてありますね。その後、譲り渡すときに、県が今まで負担した金額に応じた譲り渡し方をするように書いてあるのですけれど、その辺の価格設定みたいなものは何も書いてないのですね。

板井　単純に言って、どうにでもなると書いてあるのです。誰もわかりません。いくら出したのか。要するに、国交省からすれば、ダムを造らないのであれば早く撤退したいのです。ということは、河川敷になる土地ができちゃったら何らかの形で早く処分したいのです。処分しないと、国交省がずっとここにいなくちゃいかんから。例えば二〇年間ぐらいずっといるのかというと、そんなことないと思います。

例えば、諫早があるでしょう。諫早で干拓地ができましたよね。これを農家に売るわけです。ところが、農水省がこんなことやると大変だから、長崎県側に農家に売ることを丸投げしています。長崎県側がこの土地を売る役目をしているのです。農水省がどうするかといったら、完成したらさっさと撤退するのです。

国交省もこの法律で一番ねらっているのは、一番撤退しやすい形を作っているわけです。だから権利条項なんか入れたら、大変なことになるわけです。買い戻し権があるぞと言ったら、もうしばらくいないといかんから。だからどうにでもなるような形でしたわけですよ。もしも、何らかの形で売ってしまわないと、国有財産は必ず管理しなければいけないから。どうするかというと、フェンスを張らんといかんでしょう。立ち入るなと書いて、月に一回くらい見にいかんといかん。要するにそういうことになりかねないから、ダムを止めたのであれば、さっさと処分して、さっさと撤退したいということになります。お金になるものはいくらでもいいと。先ほどの話を聞くと、相当高いですよね。農地で一反で一〇〇万円といったら、昔はそうでもなかったのですが、今はだいたい一反で二〇万円でも買うという人がいないのです。一反で一〇〇万円といったら、今はべらぼうな話なのです。したがって、ここも住民や自治体が闘う中で合理的な価格にしていく必要があります。

終わりに

中島　どうもありがとうございました。時間が来ましたので、ここで閉めたいと思います。ダム中止特措法については、熊本ではそれなりの興味を持っているようなんですけど、県外に行くと、ほとんど注目してないところがあると思います。私たちは特措法はこういうもんだということを、世間に広く知らせていく必要があるし、それが五木の再生につながっていくのではないかと思います。今後も勉強会を開いていきたいと思いますので、よろしくお願いします。今日はどうもありがとうございました。

参考資料

ダム事業の廃止等に伴う特定地域の振興に関する特別措置法案

目次

第一章　総則

（目的）

第一条　この法律は、ダム事業の廃止等に伴い水没しないこととなる土地の区域及びその周辺の地域のうち、生活環境及び産業基盤の整備等が他の地域に比較して低位にあり、当該ダム事業の廃止等に伴い振興を図る必要がある地域について、国土交通大臣による特定地域振興基本方針の策定、都道府県による特定地域振興計画の作成及びこれに基づく特別の措置等について定めることにより、その振興を図り、もってその住民の生活の安定及び福祉の向上に資することを目的とする。

（定義）

第二条　この法律において「ダム事業」とは、国土交通大臣が河川法（昭和三十九年法律第百六十七号）第九条第一項の規定により自ら建設するダム又は独立行政法人水資源機構法（平成十四年法律第百八十二号）第二条第四項に規定する特定施設に該当するダムの建設工事に関する事業をいう。

2　この法律において「ダム事業の廃止等」とは、次の各号に掲げるダムに係るダム事業（当該ダムの建設に伴う損失の補償として実施される事業（第五条第二項第二号において「損失補償事業」という。）を除く。）について、当該各号に定める措置がとられることをいう。

一　河川法第十六条の二第一項に規定する河川整備計画（河川法の一部を改正する法（平成九年法律第六十九号。次号において「河川法改正法」という。）附則第二条第二項の規定により河川整備計画とみなされるものを除く。以下この号及び次号において単に「河川整備計画」という。）に定められたダム　当該ダムに係るダム事業の廃止又はダム事業の縮小（当該ダム事業の施行により水没することとなる土地の区域の大幅な縮小を伴うものに限る。以下この項において同じ。）をその内容に含む河川整備計画の変更が行われること。

二　河川法改正法附則第二条第二項の規定により河川整備計画とみなされる工事実施基本計画に定められたダム　当該ダムに係るダム事業が施行されることとされていた場所を含む河川

の区間について、当該ダム事業を施行しないこと又は当該ダム事業の縮小をすることをその内容に含む河川整備計画が新たに定められること。

三　特定多目的ダム法（昭和三十二年法律第三十五号）第四条第一項に規定する基本計画又は独立行政法人水資源機構法第十三条第一項に規定する事業実施計画（以下この号において「基本計画等」という。）に定められたダム　基本計画等の廃止又は当該ダムに係るダム事業の廃止若しくはダム事業の縮小をその内容とする基本計画等の変更が行われること。

第二章　特定地域振興基本方針

第三条　国土交通大臣は、次条第一項に規定する特定地域（次項において単に「特定地域」という。）の振興を図るための基本的な方針（以下「特定地域振興基本方針」という。）を定めなければならない。

2　特定地域振興基本方針には、次に掲げる事項を定めるものとする。

一　特定地域の振興の意義及び方向に関する事項

二　特定地域の指定に関する事項

三　第五条第一項に規定する特定地域振興計画の作成について指針となるべき事項

四　前三号に掲げるもののほか、特定地域の振興のために必要な事項

3　国土交通大臣は、特定地域振興基本方針を定めようとするときは、あらかじめ、関係行政機関の長に協議しなければならない。

4　国土交通大臣は、特定地域振興基本方針を定めたときは、遅滞なく、これを公表しなければならない。

5　前二項の規定は、特定地域振興基本方針の変更について準用する。

第三章　特定地域振興計画の作成等

（特定地域の指定等）

第四条　国土交通大臣は、都道府県知事の申出により、特定地域振興基本方針に基づき、ダム事業の廃止等に伴い水没しないこととなる土地の区域及びその周辺の地域のうち、生活環境及び産業基盤の整備等が他の地域に比較して低位にあり、当該ダム事業の廃止等に伴い振興を図る必要がある地域を特定地域として指定することができる。

2　都道府県知事は、前項の申出をしようとするときは、あらかじめ、関係市町村長の意見を聴かなければならない。

3　国土交通大臣は、第一項の規定による指定を行おうとするときは、あらかじめ、関係行政機関の長に協議しなければならない。

4　国土交通大臣は、第一項の規定による指定をしたときは、遅滞なく、その旨を公示しなければならない。

5　前三項の規定は、特定地域の変更について準用する。

（特定地域振興計画）

第五条　都道府県は、前条第四項の規定による公示があったときは、特定地域振興基本方針に基づき、当該特定地域を振興するための計画（以下「特定地域振興計画」という。）を作成することができる。

2　特定地域振興計画においては、おおむね次に掲げる事項を定めるものとする。

一　特定地域の振興に関する基本的な方針

二　公共施設及び公益的施設の整備に関する事業（ダム事業の廃止等の後においても継続する損失補償事業及び水源地域対策特別措置法（昭和四十八年法律第百十八号）第四条第二項に規定する整備事業（第四項第一号及び次条第二項第三号において「水源地域整備事業」という。）を含む。）に関する事項

三　農林水産業その他の産業の振興に関する事項

四　ダム事業を施行する者（以下「ダム事業者」という。）が当該ダム事業の用に供するために取得した土地の利用に関する事項

五　特定地域の振興を図るため、補助金等交付財産（補助金等に係る予算の執行の適正化に関する法律（昭和三十年法律第百七十九号）第二十二条に規定する財産をいう。）を当該補助金等交付財産に充てられた補助金等（同法第二条第一項に規定する補助金等をいう。）の交付の目的以外の目的に使用し、譲渡し、交換し、貸し付け、又は担保に供することにより行う事業に関する事項

六　ダム事業の施行により整備された地すべり（地すべり等防止法（昭和三十三年法律第三

十号）第二条第一項に規定する地すべりをいう。）を防止するための施設（第九条において「地すべり防止施設」という。）及び急傾斜地（急傾斜地の崩壊による災害の防止に関する法律（昭和四十四年法律第五十七号）第二条第一項に規定する急傾斜地をいう。）の崩壊を防止するための施設（第十条において「急傾斜地崩壊防止施設」という。）の管理に関する事項

七　前各号に掲げるもののほか、特定地域の振興に関し必要な事項

3　都道府県は、特定地域振興計画の作成に当たっては、ダム事業の廃止等に伴い水没しないこととなる土地の区域の住民の生活環境の整備に特に配慮しなければならない。

4　都道府県は、特定地域振興計画を作成しようとする場合において、次条第一項の特定地域振興協議会が組織されていないときは、あらかじめ、関係市町村の意見を聴かなければならない。

5　都道府県は、特定地域振興計画を作成しようとする場合において、次条第一項の特定地域振興協議会が組織されていないときは、次の各号に掲げる事項について、あらかじめ、当該各号に定める者と協議しなければならない。

一　第二項第二号に掲げる事項同号に規定する事業を実施すると見込まれる者（水源地域整備事業に関する事項にあっては、水源地域対策特別措置法第十二条第一項の規定により当該水源地域整備事業に係る経費の全部又は一部を負担する者を含む。）

二　第二項第四号に掲げる事項　ダム事業者

6　都道府県は、特定地域振興計画に第二項第五号に掲げる事項を記載しようとするときは、当

該事項について、あらかじめ、国土交通大臣に協議し、その同意を得なければならない。
7　国土交通大臣は、前項の同意をしようとするときは、関係行政機関の長に協議し、その同意を得なければならない。
8　都道府県は、特定地域振興計画を作成しようとするときは、あらかじめ、公聴会の開催その他の住民の意見を反映させるために必要な措置を講ずるよう努めなければならない。
9　都道府県は、特定地域振興計画を作成しようとするときは、国土交通大臣及びダム事業者に対し、情報の提供、技術的な助言その他必要な援助を求めることができる。
10　都道府県は、特定地域振興計画を作成したときは、遅滞なく、これを公表するとともに、国土交通大臣に送付しなければならない。
11　国土交通大臣は、前項の規定により特定地域振興計画の送付を受けたときは、これを関係行政機関の長に送付しなければならない。
12　国土交通大臣は、第十項の規定により特定地域振興計画の送付を受けたときは、都道府県に対し、必要な助言をすることができる。
13　第三項から前項までの規定は、特定地域振興計画の変更について準用する。

（特定地域振興協議会）

第六条　都道府県は、前条第一項の規定により作成しようとする特定地域振興計画及びその実施に関し必要な事項その他特定地域の振興に関し必要な事項について協議するため、特定地域振興協議会（以下この条において「協議会」という。）を組織することができる。

2　協議会は、次に掲げる者をもって構成する。
一　前項の都道府県
二　関係市町村
三　特定地域振興計画に定めようとする事業又は定められた事業を実施すると見込まれる者（特定地域振興計画に水源地域整備事業を定めようとし、又は定められた水源地域整備事業を実施する場合にあっては、水源地域対策特別措置法第十二条第一項の規定により当該水源地域整備事業に係る経費の全部又は一部を負担する者を含む。）
四　ダム事業者
3　第一項の規定により協議会を組織する都道府県は、必要があると認めるときは、前項各号に掲げる者のほか、協議会に、次に掲げる者を構成員として加えることができる。
一　当該都道府県が作成しようとする特定地域振興計画及びその実施に関し密接な関係を有する者
二　その他当該都道府県が必要と認める者
4　次に掲げる者は、協議会が組織されていない場合にあっては、都道府県に対して、協議会を組織するよう要請することができる。
一　前条第二項第二号に規定する事業を実施し、又は実施しようとする者
二　前号に掲げる者のほか、当該都道府県が作成しようとする特定地域振興計画又はその実施に関し密接な関係を有する者

5　前項の規定による要請を受けた都道府県は、正当な理由がある場合を除き、当該要請に応じなければならない。

6　都道府県は、第一項の規定により協議会を組織したときは、遅滞なく、その旨を公表しなければならない。

7　第四項各号に掲げる者であって協議会の構成員でないものは、第一項の規定により協議会を組織する都道府県に対して、自己を協議会の構成員として加えるよう申し出ることができる。

8　前項の規定による申出を受けた都道府県は、正当な理由がある場合を除き、当該申出に応じなければならない。

9　協議会において協議が調った事項については、協議会の構成員は、その協議の結果を尊重しなければならない。

10　前各項に定めるもののほか、協議会の運営に関し必要な事項は、協議会が定める。

第四章　特定地域振興計画に基づく特別の措置

（国有財産の譲与等）

第七条　国は、国有財産法（昭和二十三年法律第七十三号）第二十八条の規定にかかわらず、特定地域内に存するダム事業の廃止等に伴い不用となった土地、工作物その他の物件のうち、普通財産である国有財産を、特定地域振興計画に記載された第五条第二項第四号に規定する土地の利用に供するため、当該ダム事業に要した費用を負担した地方公共団体に、その負担した費用の額の範囲内において譲与することができる。
2　国は、特定地域内に存するダム事業の廃止等に伴い不用となった土地、工作物その他の物件のうち、普通財産である国有財産（前項の規定により譲与するものを除く。）を売り払おうとする場合において、次に掲げる者からその買受けの申請があったときは、国土交通省令で定めるところにより、これを他に優先させなければならない。
一　当該国有財産を特定地域振興計画に基づく事業の用に供する地方公共団体、特定地域の住民その他の者
二　当該国有財産（前号に掲げる者に売り払うものを除く。）に特別の縁故がある者であって国土交通省令で定めるもの
（補助金等に係る予算の執行の適正化に関する法律の特例）
第八条　地方公共団体が特定地域振興計画に記載された第五条第二項第五号に規定する事業を行う場合においては、都道府県が当該特定地域振興計画について国土交通大臣の同意を受けたことをもって、補助金等に係る予算の執行の適正化に関する法律第二十二条に規定する各省各庁の長の承認を受けたものとみなす。
（地すべり等防止法の特例）
第九条　地すべり等防止法第五十一条第一項に規定する主務大臣（以下この条において単に「主務大臣」という。）は、特定地域振興計画に記載された第五条第二項第六号に規定する地すべり防止施設の管理のために必要な区域について、同法第三条第一項の規定により地すべり防止

区域として指定しようとするときは、同項の規定にかかわらず、関係都道府県知事の意見を聴くことを要しない。

2　前項の場合において、主務大臣は、ダム事業者に対し、地すべり防止施設の整備に際し地すべり等防止法第三条第一項に規定する地すべり地域に関し行った地形、地質、降水、地表水若しくは地下水又は土地の滑動状況に関する現地調査の結果について報告を求めることができる。

3　第一項の場合において、都道府県知事は、地すべり等防止法第九条前段の規定にかかわらず、地すべり防止施設の改良その他の当該地すべり防止区域内における地すべり防止工事（同法第二条第四項に規定する地すべり防止工事をいう。以下この項において同じ。）を実施しようとする場合を除き、地すべり防止工事に関する基本計画を作成し、及びこれを主務大臣に提出することを要しない。

（急傾斜地の崩壊による災害の防止に関する法律の特例）

第十条　都道府県知事は、特定地域振興計画に記載された第五条第二項第六号に規定する急傾斜地崩壊防止施設の管理のために必要な区域について、急傾斜地の崩壊による災害の防止に関する法律第三条第一項の規定により急傾斜地崩壊危険区域として指定しようとするときは、同項の規定にかかわらず、関係市町村長（特別区の長を含む。）の意見を聴くことを要しない。

2　前項の場合において、都道府県知事は、ダム事業者に対し、急傾斜地崩壊防止施設の整備に際し当該指定に係る土地に関し行った地形、地質、降水等の状況に関する現地調査の結果について報告を求めることができる。

（国の補助）

第十一条　国は、地方公共団体に対し、予算の範囲内において、地方公共団体が特定地域振興計画に基づいて行う事業の実施に要する費用の一部を補助することができる。

2　前項の規定による補助金の交付に当たっては、特定地域振興計画に基づいて行う事業が円滑に実施されるよう適切な配慮をするものとする。

（地方債についての配慮）

第十二条　地方公共団体が特定地域振興計画を達成するために行う事業に要する経費に充てるために起こす地方債については、法令の範囲内において、資金事情及び当該地方公共団体の財政状況が許す限り、特別の配慮をするものとする。

第五章　雑則

（都道府県知事によるダムの建設工事に関する事業の廃止等に係る地域の振興のための支援）

第十三条　国は、都道府県知事が河川法第九条第二項又は第十条第一項の規定により自ら建設するダムの建設工事に関する事業の廃止又は縮小（当該事業の施行により水没することとなる土地の区域の大幅な縮小を伴うものに限る。以下この条において同じ。）に伴い水没しないこととなる土地の区域及びその周辺の地域のうち、生活環境及び産業基盤の整備等が他の地域に比較して低位にあり、当該事業の廃止又は縮小に伴い振興を図る必要がある地域について、都道府県がその振興を図る場合には、必要な支援に努めるものとする。

（国土交通省令への委任）
第十四条　この法律に定めるもののほか、この法律の実施のために必要な事項は、国土交通省令で定める。
（経過措置）
第十五条　この法律の規定に基づき国土交通省令を制定し、又は改廃する場合においては、国土交通省令で、その制定又は改廃に伴い合理的に必要と判断される範囲内において、所要の経過措置を定めることができる。

附則
（施行期日）
1 この法律は、公布の日から起算して六月を超えない範囲内において政令で定める日から施行する。
（経過措置）
2 第四条の規定は、この法律の施行の日以後にダム事業の廃止等があった場合について適用する。
理由
ダム事業の廃止等に伴い水没しないこととなる土地の区域及びその周辺の地域のうち、生活環境及び産業基盤の整備等が他の地域に比較して低位にあり、当該ダム事業の廃止等に伴い振興を図る必要がある地域について、国土交通大臣による特定地域振興基本方針の策定、都道府県による特定地域振興計画の作成及びこれに基づく特別の措置等について定める必要がある。これが、この法律案を提出する理由である。

（二〇一二年三月一三日　閣議決定）

川辺川ダム問題の推移年表

年月	出来事
一九五〇（昭和二五）年一二月	熊本県が「球磨川総合開発計画」発表、流域に七つのダムと一〇カ所の発電所
一九五五（昭和三〇）年一〇月	電源開発会社、「下頭地ダム」構想を発表
一九六三（昭和三八）年八月	五木村地区の集中豪雨で川辺川、球磨川大洪水
一九六四（昭和三九）年四～八月	集中豪雨、台風一四号などで五木村に再び大被害
一九六五（昭和四〇）年六～八月	集中豪雨、台風一五号などで五木村は三年連続の大被害
一九六六（昭和四一）年七月	建設省「川辺川ダム」建設を発表
一九六七（昭和四二）年二月	五木村ダム対策委員会設置
一九七〇（昭和四五）年六月	五木村、立村計画の基本的要求事項五五項目を提示
一九七二（昭和四七）年九月	河川法に基づく河川予定地指定告示
一九七三（昭和四八）年五月	「五木村水没者地権者協議会」発足、ダム対策委員会から分離
一九七六（昭和五一）年一月	熊本県議会、「川辺川ダムに関する基本計画」を承認
三月	建設省、川辺川ダム基本計画告示
五月	川辺川ダム対策同盟会発足、会長に田山親氏

一九七七（昭和五二）年八月　五木村水没者対策協議会発足、同盟会からの分離
一九七九（昭和五四）年七月　熊本県、「川辺川ダム生活再建相談所」を五木村役場内に開設
一九八一（昭和五六）年四月　水没者三団体との一般補償基準妥結
一九八二（昭和五七）年四月　五木村、本体工事を除くダム建設に正式同意
一九八四（昭和五九）年四月　地権者協議会、川辺川ダム建設で建設省と和解、控訴取り下げ
一九八六（昭和六一）年一二月　水源地域整備計画を公示
一九八八（昭和六三）年　高野代替地の造成完了
一九八九（平成元）年七月　五木村議会、ダム建設に伴う立村計画を承認
一九九二（平成四）年三月　五木南小学校閉校、一一六年の歴史に幕
一二月　人吉市に「清流球磨川・川辺川を未来に手渡す流域郡市民の会」発足
一九九六（平成八）年六月　「五木村ルネッサンソン」をキャッチフレーズとした「子守唄の里づくり」計画策定
八月　川辺川ダム事業審議会、ダム事業の継続は妥当と答申
八月　熊本市に「子守唄の里・五木を育む清流川辺川を守る県民の会」発足
一〇月　五木村議会、川辺川ダム本体工事の着工同意を決議
一〇月　川辺川ダム本体工事着工に伴い国・県・五木村が協定書締結

一一月　頭地代替地造成の本格着工記念式

一九九九（平成一一）年一〇月　県道宮原五木線の大通トンネル開通

二〇〇〇（平成一二）年四月　福島穣二氏の急逝による知事選で潮谷義子氏が当選

一二月　建設省、土地収用法によるダム事業計画を認定

二〇〇一（平成一三）年五月　新国道４４５号の板木～頭地間開通、五木村から人吉市までの完全二車線完成

一二月　五木村の再建推進で一九年ぶりの村民大会

一二月　熊本県主催の第一回「川辺川ダムを考える住民討論集会」を相良村で開催

二〇〇二（平成一四）年四月　頭地代替地の村役場庁舎・保健福祉総合センター・診療所の合同落成式

二〇〇三（平成一五）年五月　川辺川利水訴訟の控訴審で国側敗訴（一六日）、農水省、上告せず確定

二〇〇五（平成一七）年九月　国、川辺川ダムに関する漁業権などの強制収用申請を取り下げ

二〇〇六（平成一八）年一一月　矢上相良村長、川辺川ダム反対を表明

二〇〇七（平成一九）年五月　国、球磨川水系河川整備基本方針決定

五月～一一月　国は県内五三か所で、この球磨川水系河川整備基本方針の説明会「くま川　明日の川づくり報告会」を開催。川辺川ダム

二〇〇八（平成二〇）年八月　建設を要望する住民意見は、八八七件中わずか四件
　　　　　　　　　　　　　住民主導による五木村村民大会、ダム本体工事の早期着工など決議
　　　　　　　　　八月　人吉市の田中信孝市長が「川辺川ダムは白紙撤回すべき」との所信表明
　　　　　　　　　九月　蒲島郁夫県知事が県議会で「川辺川ダム反対は民意、ダムによらない治水を極限まで追求」と表明
二〇〇九（平成二一）年一月　国、熊本県、関係自治体による「ダムによらない治水を検討する場」の初会合
　　　　　　　　　八月　川辺川ダム中止を政権公約に掲げる民主党が総選挙で大勝
　　　　　　　　　九月　前原誠司国土交通大臣が川辺川ダム中止と五木村の再生を目指す法整備を言明
二〇一一（平成二三）年一二月　「ダムによらない治水を検討する場」の幹事会で国はダムによらない河川整備計画を二〇一二年度中に策定する方針を表明

（『川辺川ダムと五木村――苦難の半世紀を振り返る』（二〇〇九年五木村発行）などから抜粋）

五木村の人口と世帯数の推移

年　次	人口総数	男	女	世帯数
1955（昭和30）年	6,031	3,142	2,889	1,050
1960（昭和35）年	6,161	3,156	3,005	1,289
1965（昭和40）年	4,981	2,492	2,489	1,100
1970（昭和45）年	4,006	1,968	2,038	1,019
1975（昭和50）年	3,507	1,716	1,791	1,004
1980（昭和55）年	3,086	1,492	1,594	955
1985（昭和60）年	2,297	1,115	1,182	742
1990（平成2）年	1,964	961	1,003	657
1995（平成7）年	1,687	810	877	614
2000（平成12）年	1,530	734	796	562
2005（平成17）年	1,358	660	698	532
2012（平成24）年	1,300	623	677	540

（『川辺川ダムと五木村――苦難の半世紀を振り返る』（2009 年五木村発行）、五木村ウェブサイトから引用。2012 年のデータは 2012 年 7 月 31 日現在のもの）

編者　**子守唄の里・五木を育む清流川辺川を守る県民の会**
連絡先　〒 860-0073
熊本市西区島崎 4-5-13　中島 康 方
電話　090-2505-3880

団体紹介：　川辺川ダム建設に反対する住民の支援とダム問題を熊本県内外に広く知らせていくために 1996 年に設立。川辺川ダム事業が事実上中止となったあとは、路木ダムや立野ダムなど熊本県内のダム反対運動の支援や生活再建を目指す五木村の支援活動を行っている。

川辺川ダム中止と五木村の未来──ダム中止特別措置法は有効か

2012年10月22日　初版第１刷発行

編者───子守唄の里・五木を育む清流川辺川を守る県民の会
発行者──平田　勝
発行───花伝社
発売───共栄書房
〒101-0065　東京都千代田区西神田2-5-11出版輸送ビル2F
電話　03-3263-3813
FAX　03-3239-8272
E-mail　kadensha@muf.biglobe.ne.jp
URL　http://kadensha.net
振替───00140-6-59661
装幀───佐々木正見
印刷・製本─シナノ印刷株式会社

ISBN978-4-7634-0648-4 C0036

花伝社の本

ダムは水害をひきおこす
——球磨川・川辺川の水害被害者は語る

球磨川流域・住民聞き取り調査報告集編集委員会 編

定価（本体 1500 円＋税）

ダムは洪水を防いだか？
球磨川流域の住民聞き取り調査報告集。